农村人居环境整治系列丛书

农村垃圾处理政策与知识问答

NONGCUN LAJI CHULI
ZHENGCE YU ZHISHI WENDA

农业农村部沼气科学研究所 编

中国农业出版社
农村读物出版社
北 京

编 写 人 员

主　　编：张　敏

副 主 编：葛一洪　张国治

编写人员（按姓氏笔画排序）：

申禄坤　张　敏　张国治　陈子爱
施国中　葛一洪　熊　霞　潘　科
魏珞宇

PREFACE

—序 言—

建设生态宜居的美丽乡村，是贯彻乡村振兴战略的必由之路。然而，随着社会经济的快速发展和农村城镇化水平的不断提高，农村的生活水平及生产生活方式发生了重大变化，农村生活垃圾的数量也逐年增多，成分日趋复杂，处理难度大幅增加，凸显出农村垃圾处理和人居环境治理的重要性。习近平总书记对垃圾分类工作作出重要指示，强调培养垃圾分类的好习惯，为改善生活环境作努力，为绿色发展和可持续发展作贡献。

为总结我国农村生活垃圾处理面临的问题，编者对农村生活垃圾的基础知识、政策法规与收运方式、污染危害、技术模式、组织实施与管理机制等方面进行了系统梳理和认真总结，编写了本书。

本书编者均为从事多年农村生活垃圾处理

的专业人员，具有比较扎实的知识积淀。本书借鉴了《村镇生活垃圾处理》（徐海云主编）和《农村生活垃圾特性与全过程管理》（韩智勇、刘丹著）的相关内容，同时也参考、引用了国内专家学者、工程技术和管理人员的研究成果。本书的完成得益于编者所在单位以及国内本领域科技工作者长期科研工作的总结，谨向相关著作者的贡献表示敬意与感谢。

由于编者水平有限，书中难免存在一些疏漏、不妥甚至错误之处，希望读者批评指正并提出宝贵意见。

编　者

2019年11月于成都

CONTENTS

—— 目 录 ——

第二章　政策法规与收运方式

第三章 污染危害

第四章 技术模式

第五章　组织实施与管理机制

第一章 基础知识

1 什么是农村生活垃圾？

农村生活垃圾是指生活在乡、镇（城关镇除外）、村、屯的农村居民在日常生活中或在日常生活提供服务的活动中产生的固体废物，以及法律、行政法规规定视为生活垃圾的固体废物。按照《中华人民共和国固体废物污染环境防治法》的规定，固体废物是指人类在生产建设、日常生活和其他活动中产生的污染环境的固态、半固态废弃物质。

2 我国农村生活垃圾的年产生量有多少？

根据国家统计局最新发布的数据，截至2018年末，乡村常住人口为5.64亿。调查显示，农村每天每人生活垃圾产生量约为0.86千克，按照当前的农民地区人数，可以得出农村地区每年的生活垃圾产生量约1.77亿吨。

3 农村生活垃圾的主要去向有哪些？

目前我国农村生活垃圾的主要去向有两种：一是混合收集、统一清运、集中处理；二是简单转移填埋、临时堆放焚烧和随意倾倒。

混合收集、统一清运、集中处理

简单转移填埋、临时堆放焚烧和随意倾倒

4 农村生活垃圾来源有哪些？

农村生活垃圾来源主要有：餐饮、日常用品消费产生的包装和残余物，淘汰的生活用品和农业生产所产生的废弃物。

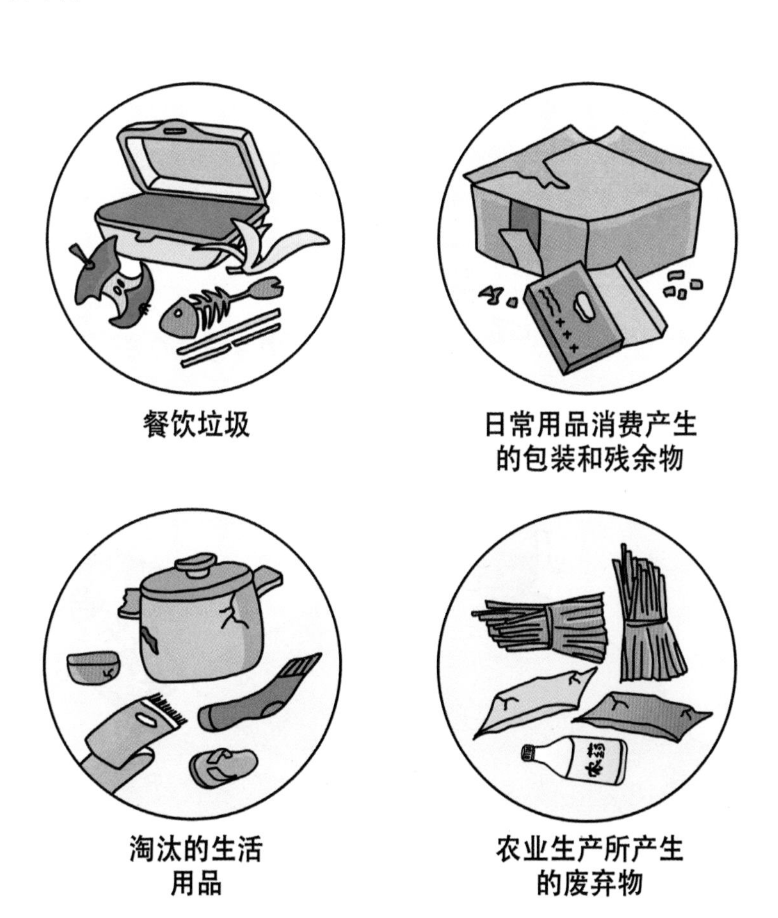

餐饮垃圾

日常用品消费产生的包装和残余物

淘汰的生活用品

农业生产所产生的废弃物

5 农村生活垃圾人均产生量是多少？

据近年来国家卫生健康委和部分相关研究单位及机构的调查统计显示，目前我国农村生活垃圾每天人均产生量约为0.86千克，其增长速度快于城市，但无害化管理水平却远低于城市。

6 农村生活垃圾特性影响因素有哪些？

有社会因素（包括人口、宣传教育和文化习俗）、经济因素（包括能源结构、家庭收入与支出水平、产业结构）、自然因素（包括季节气候、区域地理位置）和其他因素（包括回收物流网络建设和调查方法）。

7 农村生活垃圾主要包括哪些东西？

农村生活垃圾主要包括：厨余垃圾、灰土、废纸类、橡塑、金属、玻璃、织物、竹木、砖瓦陶瓷、有害垃圾（废灯管、废电池、农药化肥包装物、过期药品等）等十大类。

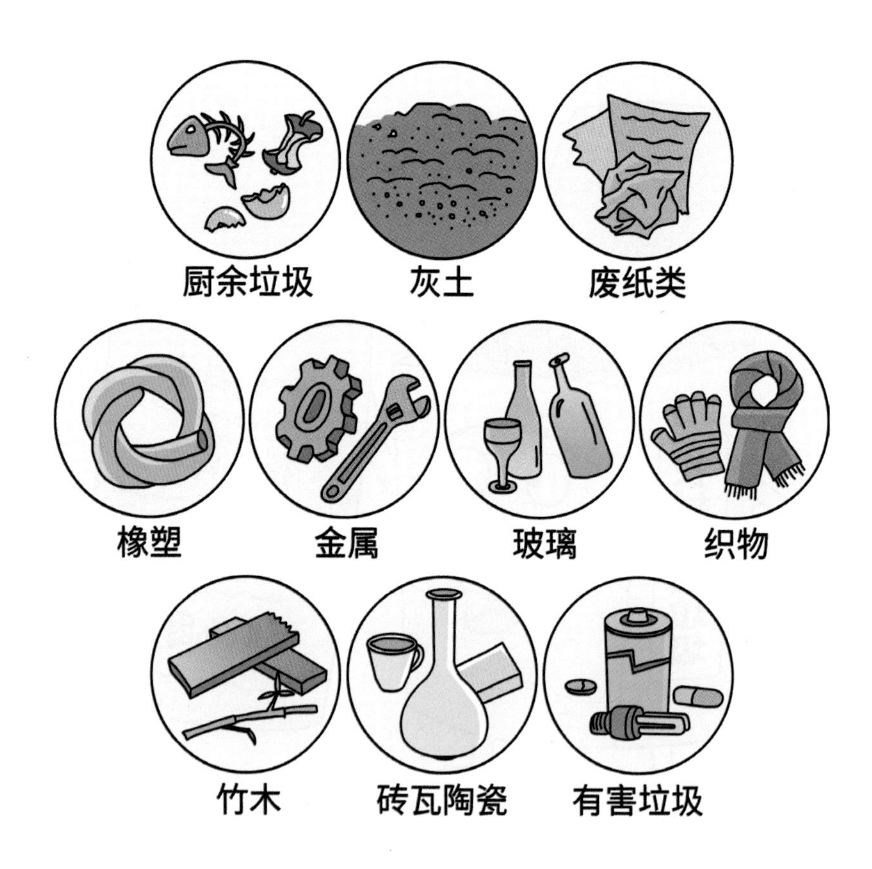

8 农村生活垃圾的分布特点是什么？

我国广大农村地区生活垃圾的产生受自然、社会、经济以及其他因素的影响，其分布呈现出极为分散、不易收集的特点。

9 为什么我国不同区域的农村生活垃圾具有差异性？

由于我国农村地区之间的资源条件、经济发展水平、生产方式、生活习惯等差异较大，造成不同区域农村生活垃圾的产生状况与物理组分等都具有各自的特点和差异性。

10 我国农村生活垃圾产生率较高和较低的区域分别是哪里？

调查统计显示，我国农村生活垃圾产生率较高的是华北地区，例如天津市；较低的是西北地区，例如甘肃省。

11 为什么要开展农村生活垃圾源头分类收集？

农村生活垃圾源头分类是实现生活垃圾减量化、资源化和无害化的基础，是实现垃圾高效资源化处理利用的前提和重要手段。

12 在农村开展垃圾源头分类是否可行？

我国农村具有独特优势，只要引导得当，通过制度引导、制定乡规民约，村干部入户宣传、保洁员上门动员等方式，在农村开展生活垃圾分类是完全可行的。

13 农村生活垃圾可以分为哪几类？

农村生活垃圾可以分为：可回收垃圾、厨余垃圾、有毒有害垃圾和其他垃圾四大类。

14 可回收垃圾包括哪些?

可回收垃圾是指垃圾中再生利用价值较高，能进入回收渠道的物品，包括：废纸（纸板）、玻璃制品、食品保鲜盒、塑料瓶、塑料泡沫、电脑、易拉罐、废旧衣物等。

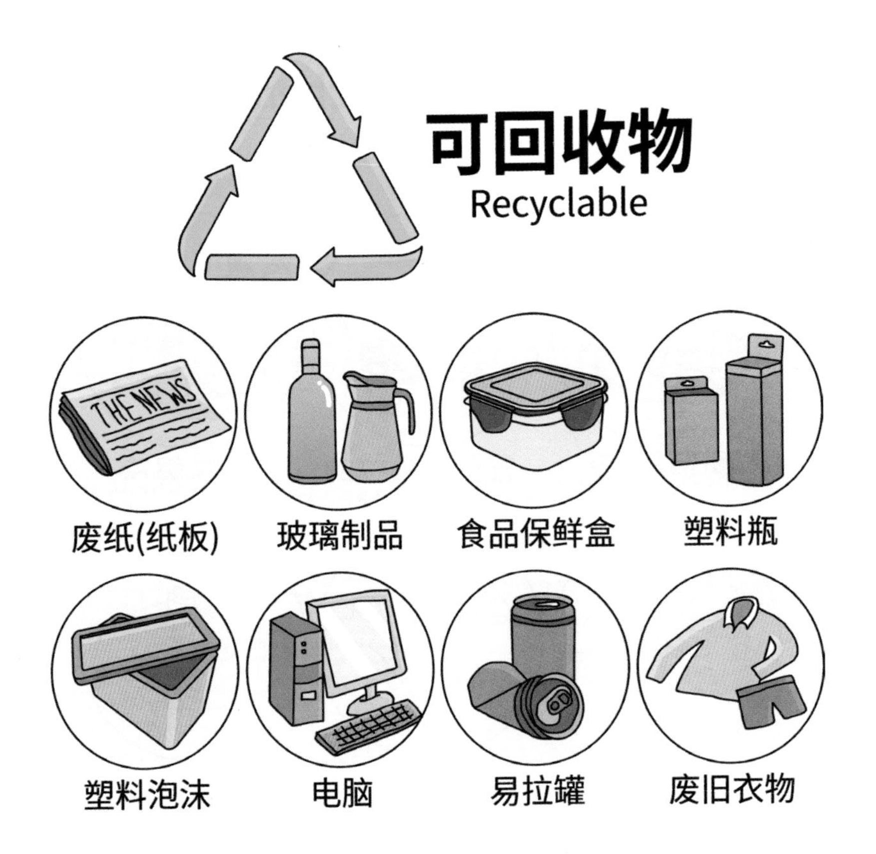

15 厨余垃圾包括哪些?

厨余垃圾主要是指农村居民家庭日常生活中产生的剩菜剩饭、菜根菜叶、果皮果壳、蛋壳、动物小骨头、过期食物以及家庭产生的花草、落叶等食品类废弃物。

16 有毒有害垃圾包括哪些？

有毒有害垃圾主要是指需要经过特殊安全处理的生活垃圾，包括废旧灯管灯泡、废旧电池、油漆罐、过期药品、农药包装物、过期化妆品等。

17 其他垃圾包括哪些?

其他垃圾是指生活垃圾中除去可回收垃圾、有毒有害垃圾和厨余垃圾之外的所有物品，一般包括烟头、破旧陶瓷品、砖瓦、坚硬果皮（如榴莲壳)、卫生纸、渣土等。

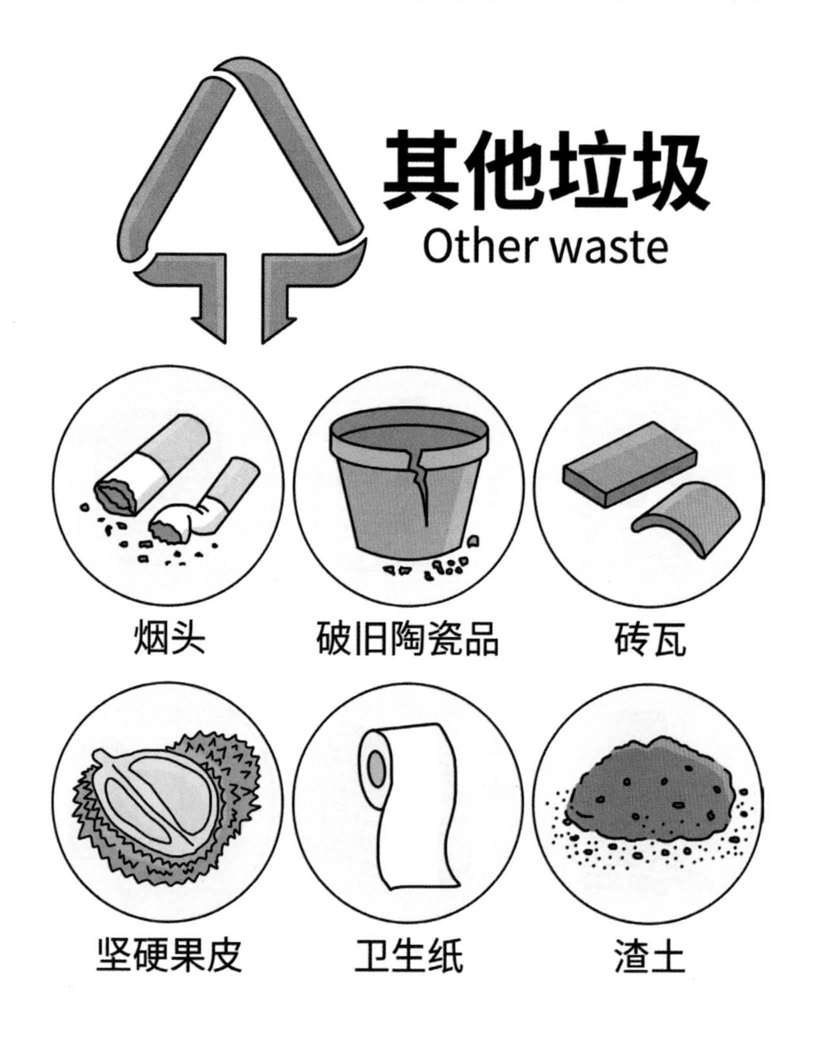

18 农村生活垃圾中各类组分的占比情况如何？

农村生活垃圾中厨余垃圾占比35%～40%，其他垃圾占比30%～40%，可回收垃圾占20%～30%，而有毒有害垃圾占比通常不到1%。

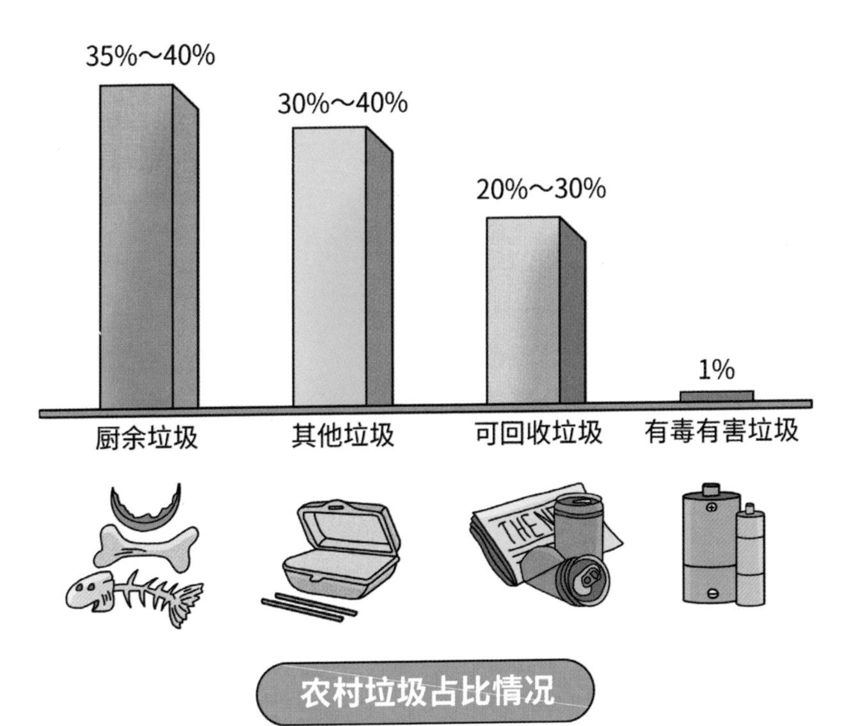

农村垃圾占比情况

第二章 政策法规与收运方式

19 《关于创新和完善促进绿色发展价格机制的意见》中涉及农村生活垃圾的政策有哪些？

《关于创新和完善促进绿色发展价格机制的意见》强调要全面建立覆盖成本并合理盈利的固体废物处理收费机制，加快建立有利于促进垃圾分类和减量化、资源化、无害化处理的激励约束机制。建立健全城镇生活垃圾处理收费机制，探索建立农村垃圾处理收费制度。

20 农村生活垃圾处理的意义是什么？

处理好农村生活垃圾是贯彻落实党中央、国务院制定的《乡村振兴战略规划（2018—2022年）》重大历史任务，是实现全面推进农村人居环境整治，建设村容整洁、生态宜居的美丽乡村的重要途径，具有重要的现实意义。

21 农村生活垃圾处理的目标是什么？

我国农村生活垃圾处理的目标是在合理的经济技术条件下，实现农村生活垃圾的减量化、资源化和无害化。减量化是通过分类收集和分类处理，将适合就地处理的农村生活垃圾进行组分（如炉渣、砖瓦陶瓷、食品垃圾等）在村庄处理并利用，减少外运处理的垃圾量；资源化是通过再生资源（市场可售废品）回收和对垃圾特定组分的转化处理获得具有利用价值的产物；无害化是最大限度地控制农村生活垃圾处理全过程（包含收集、运输、处理处置及资源化产物利用）对环境和卫生的影响。

22 农村生活垃圾分类、收集、运输、处理设施建设应遵循什么原则？

农村生活垃圾分类、收集、运输、处理设施建设应遵循布局合理、经济适用、方便操作的原则。

23 目前农村生活垃圾处理过程中存在哪些问题？

现阶段我国农村生活垃圾的处理处置主要存在以下几方面的问题：一是重视程度不够，缺乏专门的监督管理部门和机构；二是基础设施的建设滞后，建设和运行经费匮乏；三是适合农村地区的生活垃圾处理处置技术和装备匮乏。

24 农村生活垃圾资源化利用潜力如何？

据调查研究数据测算，当前我国农村生活垃圾的年产生量达到近1.77亿吨，其中有机物约占30%，资源量达到约2 212万吨标准煤，由此可见，农村生活垃圾具有极大的附加值潜力和较高的资源化利用市场前景。

25 农村生活垃圾分类收集和混合收集最大的不同点是什么？

农村生活垃圾分类收集和混合收集最大的不同在于分类收集强调源头控制；而混合收集恰恰是对资源的浪费。

26 我国农村生活垃圾收集方式主要分为哪两种？

我国农村生活垃圾收集方式主要分为混合收集和分类收集。但在部分经济一般或不发达的农村地区，由于乡镇政府和村民委员会无力负担高额的环卫设施建设和清运处理费用，仍处于粗放的无序管理状态。

27 农村生活垃圾收集方式按收集时间可分为哪几种？

农村生活垃圾收集方式可分为定时收集和不定时收集，我国目前采用的是不定时收集。

28 农村生活垃圾收运系统包括哪几个部分？

农村生活垃圾收运系统包括收集、运输、转运3个部分。收运系统是农村生活垃圾进行全过程管理的关键环节，合理布局垃圾收集点转运站、科学规划车辆运输路线可大大降低农村生活垃圾的管理成本。

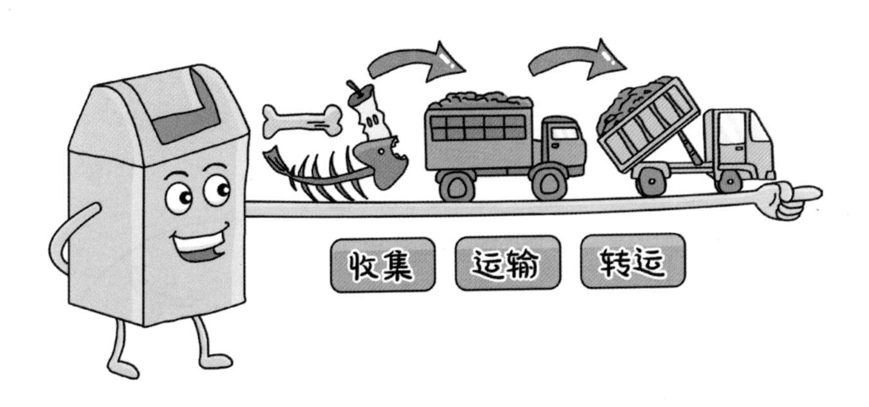

29 农村生活垃圾收集设施有哪些？

收集设施主要有：垃圾坑/堆、垃圾收集容器（垃圾桶、垃圾箱、垃圾池、垃圾房）、垃圾收集车（手推车、人力三轮车和机动三轮车等）。

30 目前我国农村生活垃圾处理系统首先需要建立什么？

由于垃圾处理设施的特殊性，规模过小的处理设施不可能环保达标，也不经济，若需要无害化处理，只能依靠长途运输，所以目前我国农村生活垃圾处理系统首先要建立低成本垃圾收运处理系统。

31 收集和运输垃圾的费用占垃圾处理总费用的比例是多少？

农村生活垃圾的收运是垃圾处理系统中的第一个环节，也是十分重要的一环，其耗资最大，操作过程也较为复杂。据统计，收集和运输垃圾的费用占垃圾处理总费用的60%～80%。

32 我国农村设有生活垃圾收集点的比例是多少？

近年来，我国农村生活垃圾收集处理初见成效，但农村生活垃圾处理存在区域差距大、处理标准不统一的状况。截至2016年，东部地区有生活垃圾收集点的行政村比例达82%，对生活垃圾进行处理的行政村比例达68%；中部、北部地区有生活垃圾收集点的行政村比例超过50%；西部地区农村生活垃圾的收集和处理工作均相对滞后。

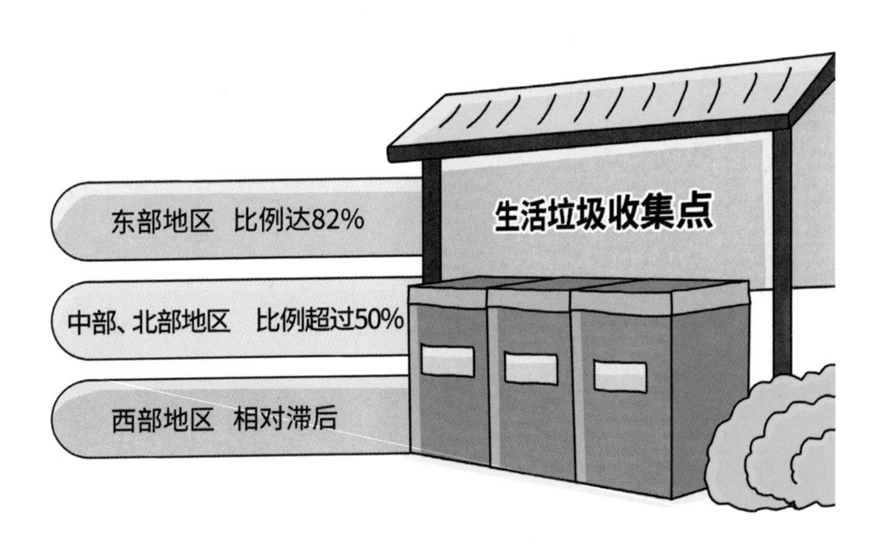

33 什么是固定式垃圾箱收集方式？

固定式垃圾箱收集方式是一种以固定式垃圾箱和箱内垃圾定时收集为基本特征的垃圾收集方式。

34 小型压缩式生活垃圾收集站的特点是什么？

小型压缩式生活垃圾收集站的最大特点就是能提高集装箱内的装载量，并能减少垃圾收集点的数目及收运成本。

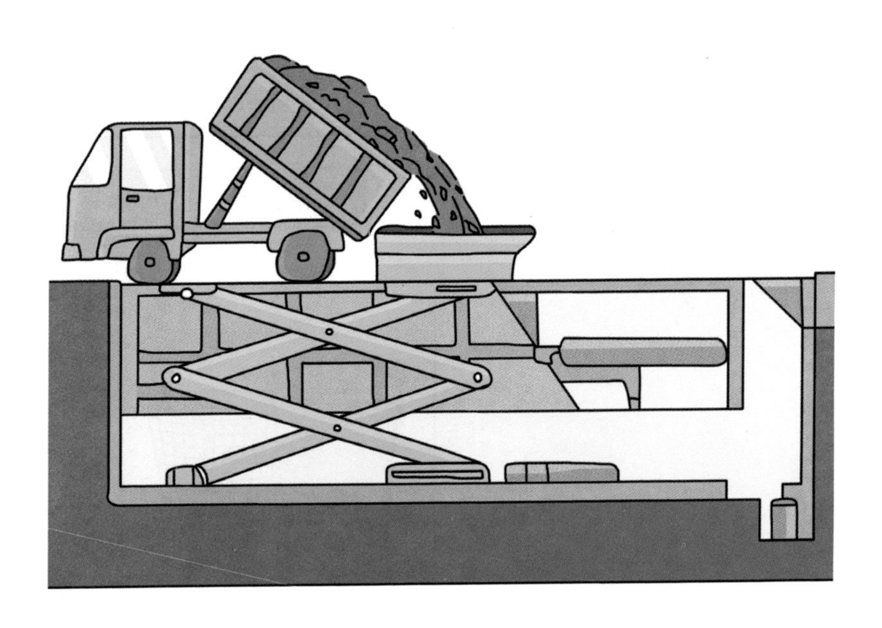

35 生活垃圾收集容器可分为几种类型？

生活垃圾收集容器可分为大、中、小三种类型，容积要求分别是大于1.1立方米（如垃圾房、垃圾池）、0.1～1.1立方米（如垃圾箱、环卫垃圾桶）、小于0.1立方米（如家用垃圾桶、垃圾筐）。

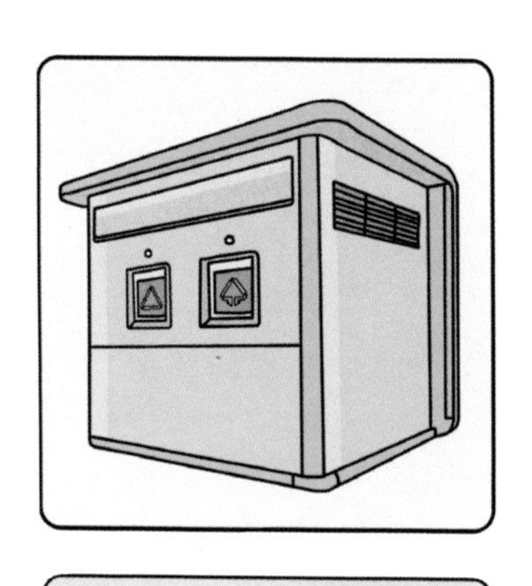

大于1.1立方米

0.1～1.1立方米

小于0.1立方米

36 生活垃圾转运的主要设施有哪些？

生活垃圾转运的主要设施有：垃圾运输车（改装汽车、垃圾收集车）、垃圾中转站（压缩和非压缩）。

垃圾运输车

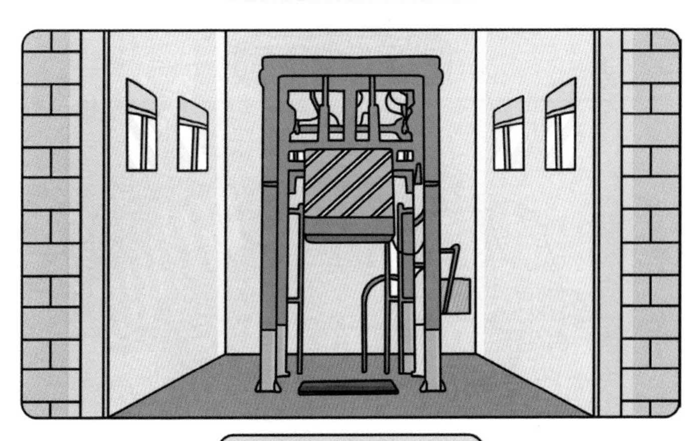

垃圾中转站

37 压缩式转运和非压缩式转运各自的特点是什么？

非压缩式转运避免垃圾收集及转运站产生大量的渗滤液，但不能实现垃圾转运前的减容，不便于运输；而压缩式转运减少了垃圾中的水分，实现了垃圾的减容，便于运输，但压缩过程产生的渗滤液需进行达标排放处理。

非压缩式转运

压缩式转运

38 生活垃圾收运存在哪些问题？

生活垃圾收运主要存在以下问题：

第一，生活垃圾随意投放；第二，收运设备匮乏，建设标准低；第三，收集和转运设施规划不合理；第四，收运设备设计不合理；第五，收运模式尚需探索；第六，缺乏长效运行机制。

39 生活垃圾收运方式的影响因素有哪些?

生活垃圾收运方式的主要影响因素包括：垃圾收集密度、收运经济性、环境影响、处置设施选址和农村居民意愿。

40 一只标准的可回收玻璃瓶（如啤酒瓶、饮料瓶）能够反复回收使用多少次？

标准玻璃瓶的回收使用，可保护环境，节约矿产资源。使用前需检验是否合格，合格的标准玻璃瓶通过生产线进行清洁消毒等步骤后重新灌装。标准玻璃瓶可以反复回收使用24 ～ 30次。

41 一般可回收标准玻璃瓶有哪几种颜色？

一般可回收标准玻璃瓶分为绿色、棕色和无色三种。

42 废金属从材料上可分为哪两类？

可分为黑色金属和有色金属。黑色金属主要包括钢和铁，有色金属主要包括铜、铝、锌、镍等。

第三章 污染危害

43 农村生活垃圾的污染现状如何？

目前我国农村生活垃圾主要倾倒地点是“六边”：路边、河边、村边、田边、塘边、屋边，严重破坏了农村的生态环境，危害了广大村民的身体健康。

44 农村生活垃圾对水体的危害有哪些?

农村生活垃圾对水体的污染包括直接污染和间接污染，生活垃圾经雨水冲刷后，可溶解出有害成分，污染水质，毒害生物，破坏农村生态环境。

45 农村生活垃圾对土壤有哪些危害？

农村生活垃圾露天堆放，不仅会占用土地资源，有毒垃圾还会通过食物链影响人体健康。另外垃圾渗出液还会改变土壤成分和结构，使土壤的保肥、保水能力大大下降，被严重污染的土壤甚至无法耕种。

46 农村生活垃圾对大气有哪些危害？

农村生活垃圾在运输和堆放过程中会产生恶臭，向大气中释放出大量的氨和硫化物等污染物，加重农村大气环境的温室效应。而且生活垃圾在焚烧过程中会产生大量的有害气体和粉尘，不但会导致空气能见度降低，还会影响人体健康。

47 农村生活垃圾对人体有哪些危害？

农村生活垃圾若处理不当，会引起呼吸道疾病，降低人体免疫力，传播疾病，引起急性或慢性中毒，甚至诱发癌症。

第四章 技术模式

48 农村生活垃圾有哪些处理技术？

目前农村生活垃圾的主要处理技术包括：卫生填埋、焚烧、堆肥和厌氧消化处理。

49 分类后的生活垃圾如何处理？

分类后的可回收垃圾由废品收购变现，有害垃圾交专业机构处理，但需要建立健全废品回收网点或上门回收制度；厨余垃圾可进行堆肥或厌氧消化处理；其他垃圾进行卫生填埋或焚烧处理。

可回收垃圾变现

有害垃圾专业处理

厨余垃圾进行堆肥

其他垃圾卫生填埋
或焚烧处理

50 什么是农村生活垃圾简易填埋处理？

简易填埋就是指村民将生活垃圾直接倒入自然沟壑和坑洼处，当垃圾填满沟壑或坑洼后用泥土覆盖，不采取任何防渗措施的垃圾处理方式。

51 简易填埋的缺点有哪些？

简易填埋由于技术水平低，管理不规范，常常会造成二次污染。首先会产生大量的渗滤液和臭气，渗滤液对周边土壤和河流造成危害，恶臭严重污染大气环境；其次简易填埋的产气不稳定，甲烷含量低，收集利用难度大，会产生大量的温室气体；再次简易填埋场通常积水严重，水位壅高，安全隐患大。这些简易填埋的缺点，都易给周围环境和居民健康带来危害。

52 什么是生活垃圾的卫生填埋处理？

卫生填埋是指利用工程手段，采取有效技术措施，防止渗滤液及有害气体对水体和大气的污染，并将垃圾压实减容至最小，且在每天操作结束或每隔一定时间用覆盖材料覆盖，使整个过程对公共卫生安全及环境均无危害的一种填埋处理方法。

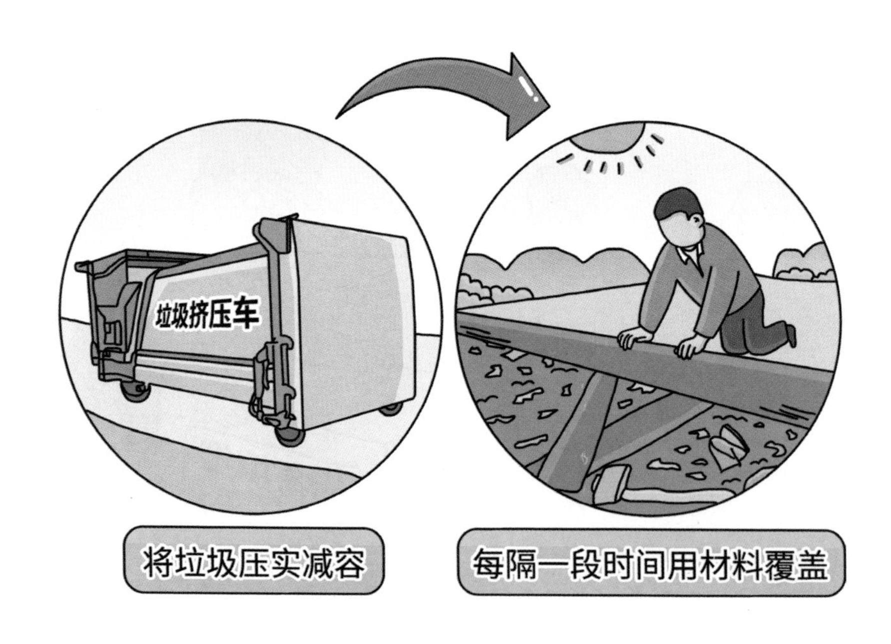

53 卫生填埋处理具有什么特点？

卫生填埋处理垃圾具有技术简单、操作简便、管理方便、适应性强的特点。与其他方法相比具有建设投资少、运行费用低的特点，而且可以回收沼气，综合效益较好。

54 焚烧和卫生填埋技术处理农村生活垃圾的局限性是什么？

卫生填埋技术处理农村生活垃圾的局限性是占地面积大、管理要求高，对外部环境要求高，使用期限有限；焚烧技术处理农村生活垃圾的局限性是处理成本高、控制不当易产生二次污染物，如二噁英、二氧化硫、氮氧化合物等。

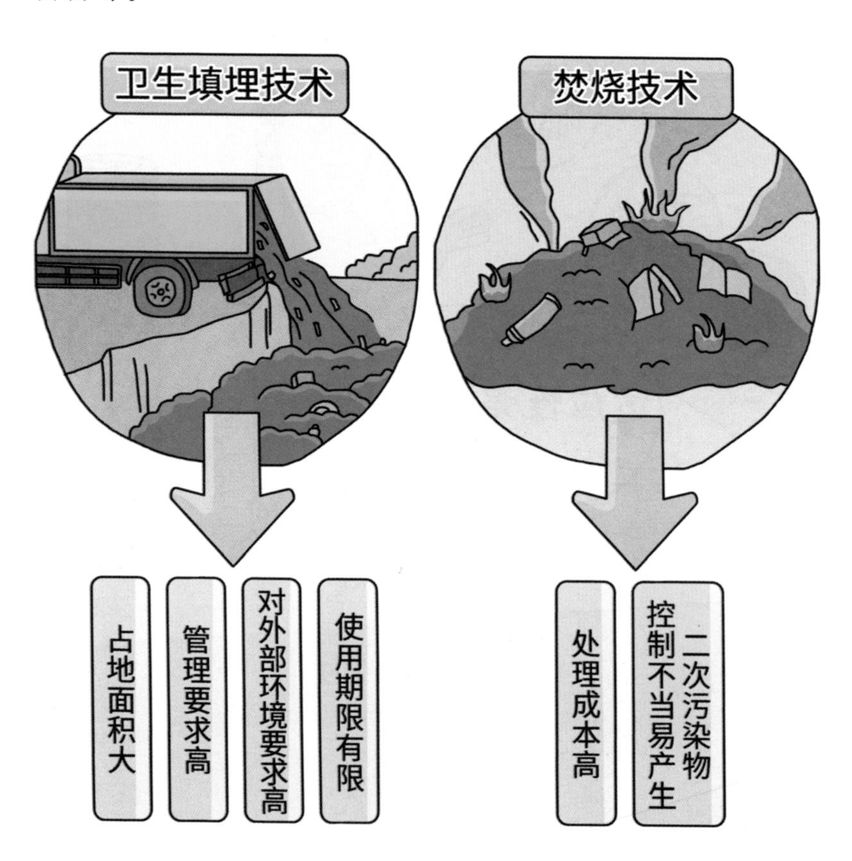

55 生活垃圾焚烧厂的重要污染源是什么？

垃圾焚烧厂排放的重要污染源是烟气，在这种烟气中通常含有二氧化硫、二氧化氮、盐酸、一氧化碳、烟尘和二噁英等有害气体，其中二噁英是一种剧毒物质，万分之一甚至亿分之一克的二噁英就会给人类健康带来严重危害。二噁英除了具有致癌毒性，还具有生殖毒性和遗传毒性，直接危害我们子孙后代的健康和生活。

56 什么是农村生活垃圾热解技术？

农村生活垃圾热解技术是指生活垃圾在没有氧化剂存在或只提供有限氧的条件下，高温加热，通过热化学反应将垃圾中的有机大分子裂解成小分子燃料物质的热化学转化技术。

57 农村生活垃圾热解产物有哪几种?

农村生活垃圾热解产物主要有炭黑、燃料油和燃料气。其中炭黑由纯碳与金属、玻璃、土沙等混合形成，燃料油包括乙酸、丙酮、甲醇等化合物，燃料气包括氢气、一氧化碳、沼气等低分子碳氢化合物。

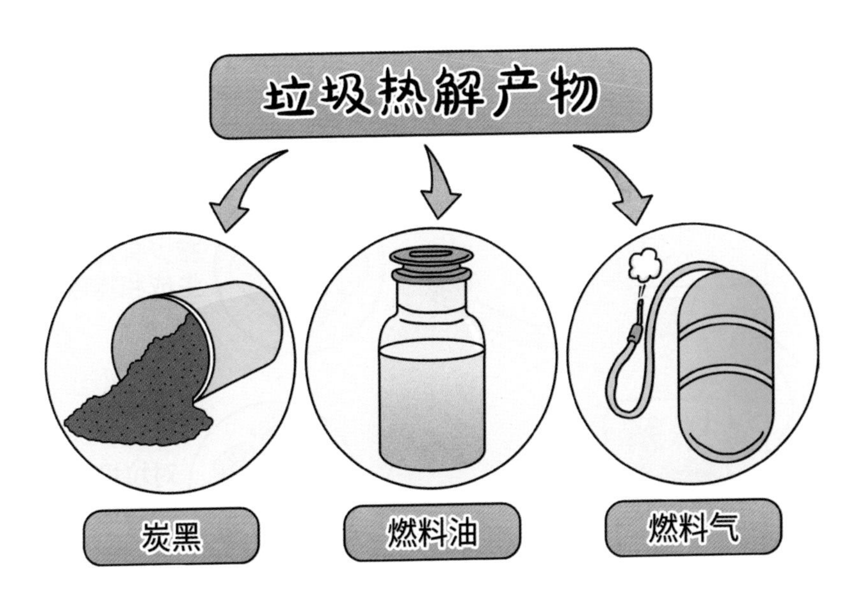

58 垃圾热解技术的特点是什么？

热解法处理生活垃圾的主要特点包括：热解产物便于储存和运输，热解过程减少有毒物质的生成和排放，对垃圾成分的选择性小，工程占地面积小等。

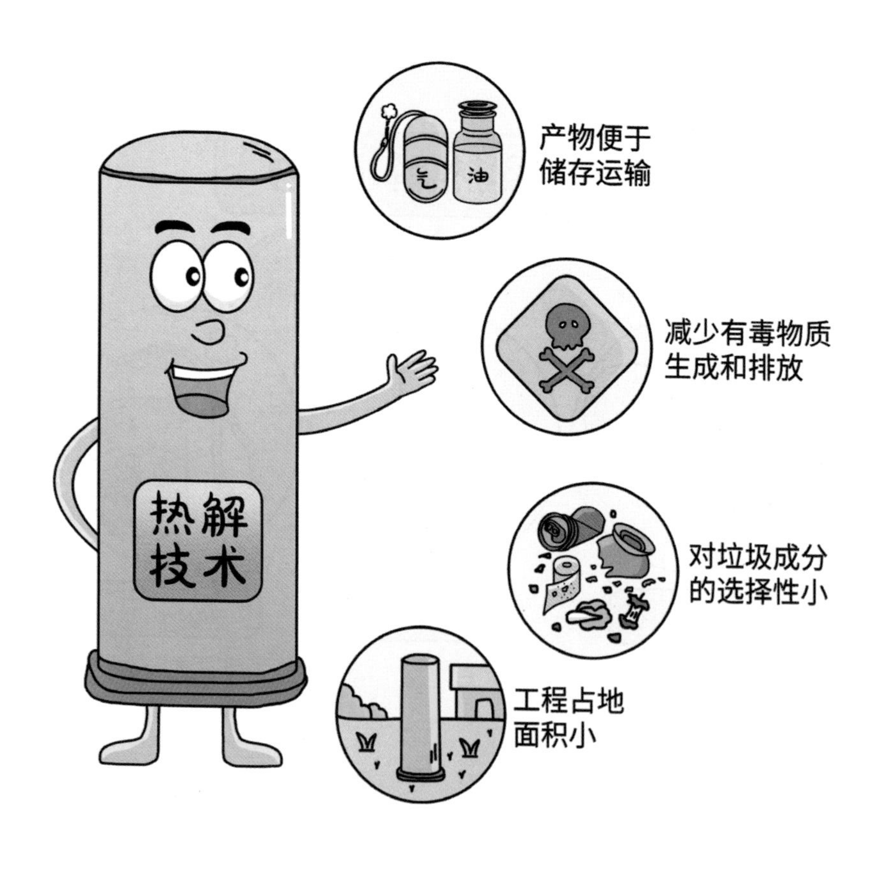

59 什么是农村有机生活垃圾?

农村有机生活垃圾是指日常农村生活垃圾中可分解的有机物质部分，包括食物残渣、菜根、菜叶、瓜皮、果屑、蛋壳、鱼鳞、植物枝干、树叶、杂草、牲畜粪便等，具有易腐烂、热值低、有机质含量丰富等特点。

60 什么是垃圾堆肥处理？

垃圾堆肥处理是指在控制条件下，通过细菌、真菌、蠕虫和其他生物体使有机垃圾从固态有机物向腐殖质转化，最后达到腐熟稳定、成为有机肥料的过程，这个过程一般伴随有微生物生长、繁殖、消亡和种群演替等现象。

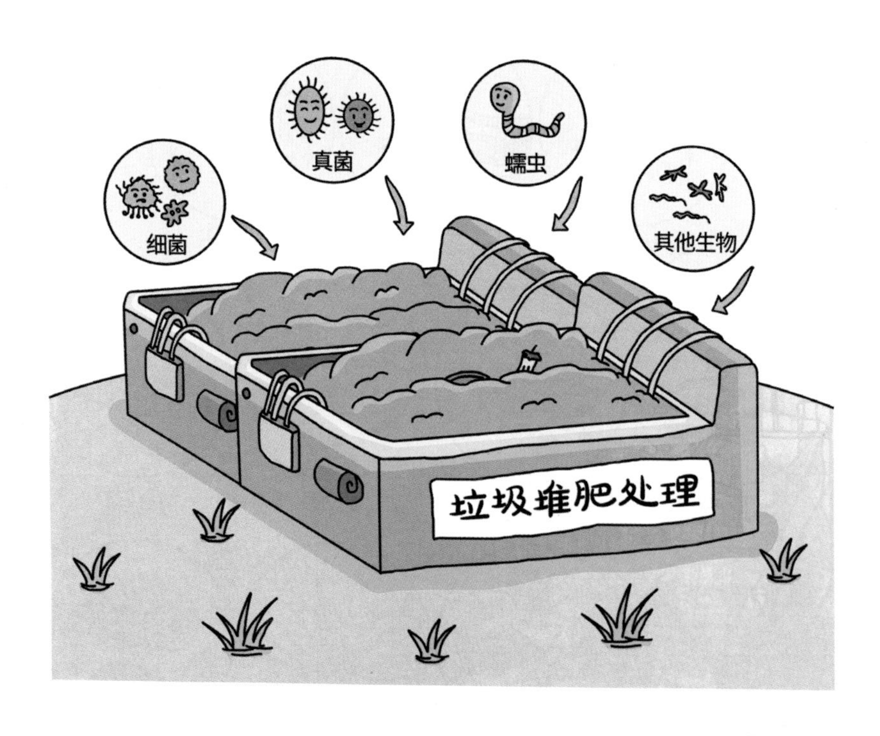

61 垃圾堆肥处理过程中是否需要消耗氧气？

采用堆肥技术处理生活垃圾时，是利用氧气的一种分解过程。该过程一般是在有氧和有水的情况下，对生活垃圾进行分解，它的分解过程可以简单表示为：有机物质+好氧菌+氧气+水→二氧化碳+水(蒸气状态)+硝酸盐+硫酸盐+氧化物。从这个过程可以看出，垃圾堆肥是需要消耗氧气的。

62 符合国家标准的堆肥垃圾宜施用在什么地方？

生活垃圾经过堆肥处理后，其中的有机物通过好氧分解，变成腐殖酸、氨基酸等比较稳定的植物营养成分，这样完全腐熟的堆肥产品，宜施用于花卉、草地、园林。

63 黏性土壤施用堆肥垃圾的量是多少?

目前，通过检测堆肥垃圾中的各项卫生指标，并结合黏性土壤的特性，国家相关部门制定了《城镇垃圾农用控制标准》，根据该标准的规定，黏性土壤每年每亩* 的堆肥垃圾施用量不得超过4吨。

* 亩为非法定单位，1亩≈667平方米——编者注。

64 单纯的厨余垃圾是否适合堆肥处理？

单纯的厨余垃圾水分高，不适宜单独堆肥，需要添加骨料。

65 农村厨余垃圾的生物处理方法主要包括哪些？

主要包括好氧堆肥处理和厌氧消化处理，此外还有蚯蚓生物处理、乳酸发酵以及生物制氢等。而生物制氢、厌氧发酵和燃料电池发电系统的开发研究，为废物变清洁能源开辟了新途径。

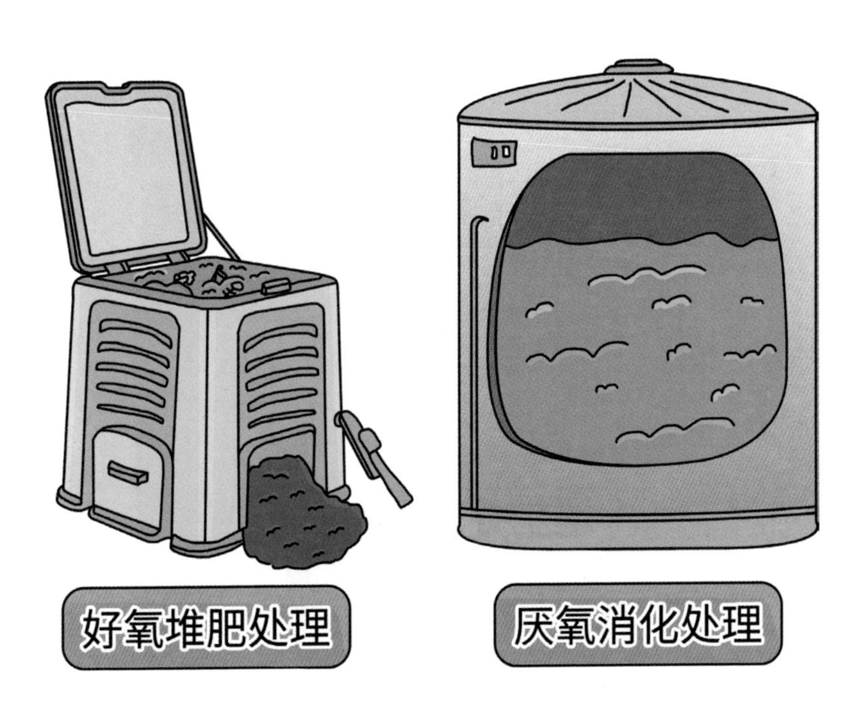

66 哪种厨余垃圾适宜堆肥处理？

含水量较低的厨余垃圾适宜堆肥处理。堆肥处理的最佳含水率为45%～60%，含水率高的厨余垃圾，需要多添加骨料，增加生产成本。

67 农村生活垃圾堆肥应注意哪些问题？

农村生活垃圾堆肥应注意堆肥过程中产生的臭气及渗滤液等污染物易对环境造成二次污染的问题。

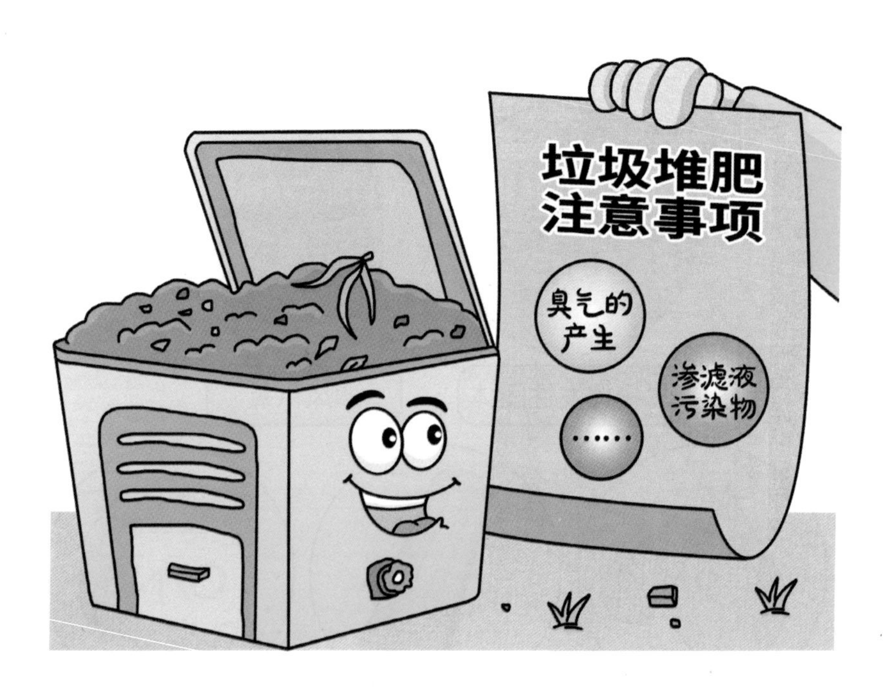

68 垃圾堆肥过程的影响因素主要有哪些?

堆肥过程实际上是由一系列的生物氧化–还原过程组成，它的核心是微生物活动，微生物活动受到环境和堆肥原料性质的影响，因此影响堆肥过程的主要因素包括：生物挥发性固体、通风供氧、水分、温度、碳氮比等。

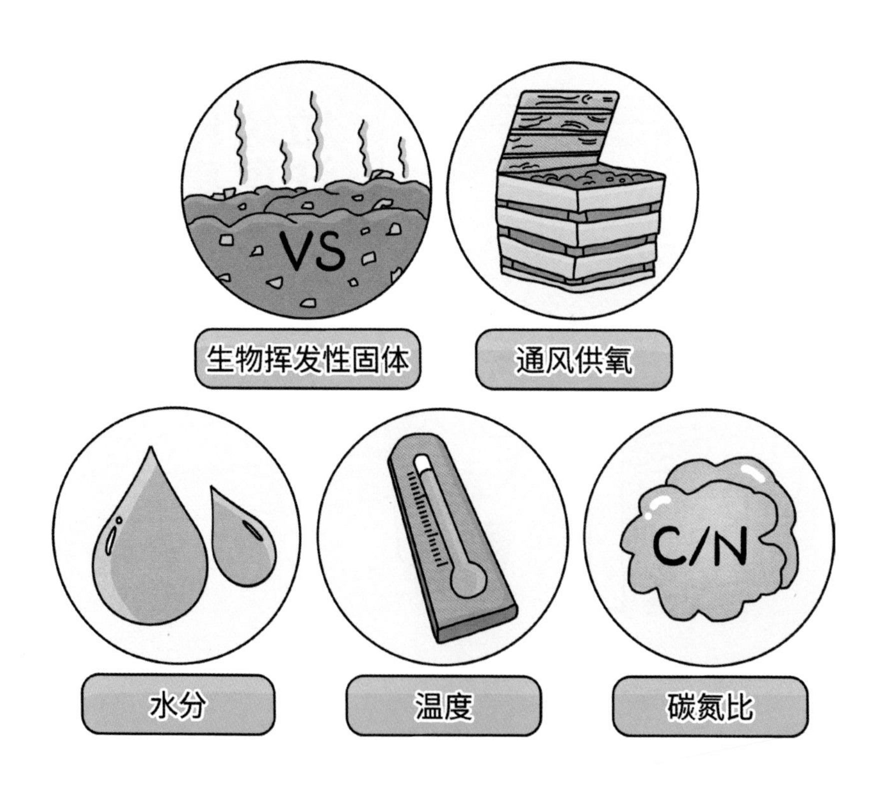

69 工厂化垃圾堆肥对原料预处理有哪几个步骤？

预处理步骤包括分选、破碎、调整含水率及碳氮比，在这个过程中，首先剔除大块的及无机杂品，然后将垃圾破碎筛分为匀质状，最后还要将匀质垃圾的最佳含水率调整为45%～60%，碳氮比控制为（20～30）∶1，如果原料达不到要求时可掺进污泥或粪便进行调整。

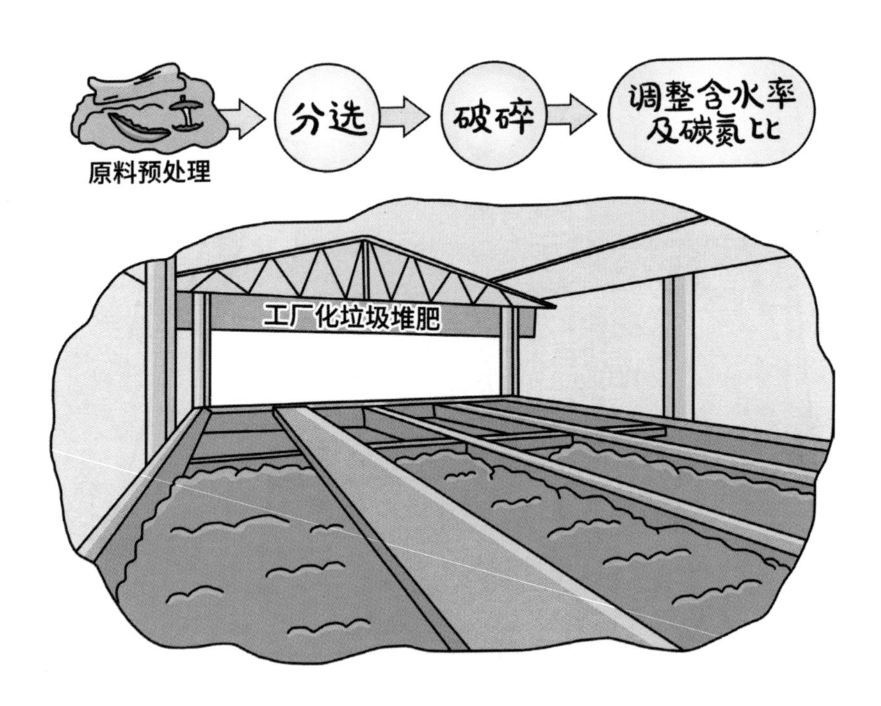

70 垃圾高温堆肥采用一次发酵方式，一般周期需要多少天？

一次发酵方式分为起始阶段、高温阶段和熟化阶段，周期一般为30天以上。

71 什么是农村生活垃圾厌氧消化技术？

厌氧消化技术是指以农村有机生活垃圾作为主要原料，使其在严格的厌氧条件下经过水解、酸化、产氢产乙酸、产甲烷四个阶段，以沼气作为最终产物的一种技术。

72 厌氧消化技术处理农村有机生活垃圾的好处是什么？

利用厌氧消化技术处理农村有机生活垃圾，能有效减少因生活垃圾堆积而产生的蚊蝇、病菌、异味等对周围环境卫生的影响，发酵产生的沼气可作为清洁能源供给周围村民使用，产生的沼肥还是优质农家肥。因此厌氧消化技术不仅可以改善农村生态、卫生环境，还能提高村民的生活和健康水平。

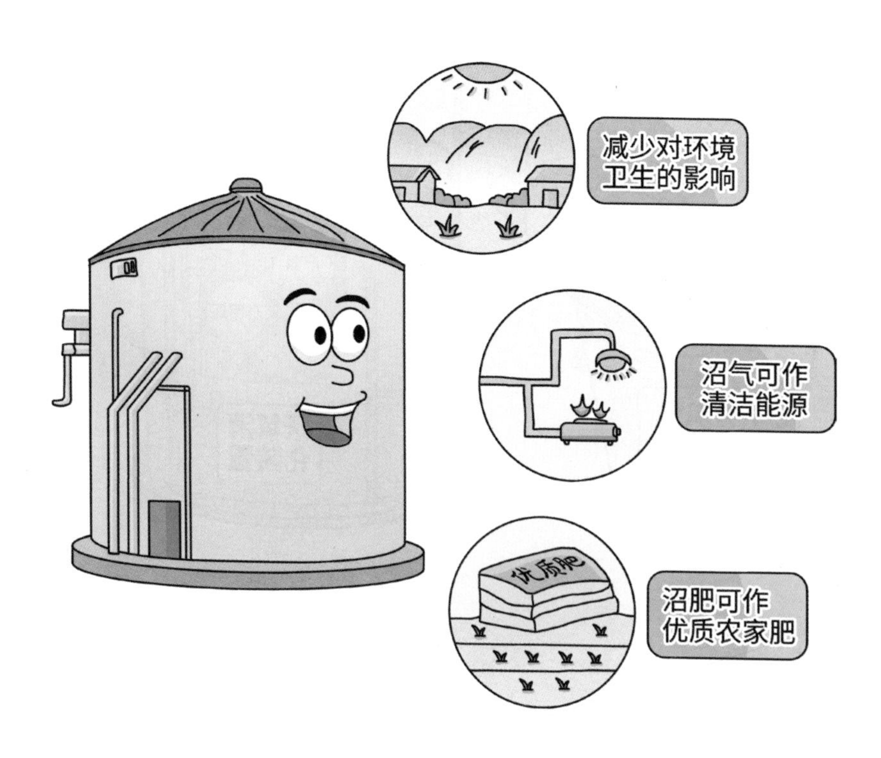

73 厌氧消化处理生活垃圾的特点有哪些？

其特点主要有：工艺稳定、运行简单和减少剩余污泥处置费用，既能很好地处理垃圾污染，又能有效地产生可利用的能源，具有生态和经济上的优势。这个优势在能源资源紧缺、垃圾量很大的我国非常明显，具有良好的发展前景。

第五章 组织实施与管理机制

74 如何进行农村生活垃圾的分类收集？

生活垃圾分类收集是一项繁琐的、长期性的工程。首先，要在农村大力宣传生活垃圾分类的有关知识，提高农民的环保意识；其次要在农村设置生活垃圾分类回收设施；最后还要制定与生活垃圾分类相关的制度和奖惩政策。

75 值得推荐的农村生活垃圾处理机制是什么？

具备“政府主导、项目管理、分类收集、因地制宜、村民自治、市场运作”特点的农村生活垃圾处理机制值得推荐。

76 政府主导是指什么？

政府主导是指要通过政府科学规划、政策扶持、奖罚制度等途径来建立长效机制，同时按照县、乡、村、组、户五级联动，实现自上而下分级负责的运行机制。

77 项目管理是指什么?

项目管理是指将垃圾处理工作与乡村环境治理示范村、新农村示范片建设等项目结合起来，多渠道争取配套资金，支持分类收集垃圾桶等基础设施建设。

78 分类收集是指什么？

分类收集是指强制实施农户初分、源头减量的政策，大力推动分类处置机制建设。

79 因地制宜是指什么？

因地制宜是指合理布局垃圾中转池或倾倒池，并根据当地经济发展水平选择最佳资源化利用途径。

80 村民自治是指什么?

村民自治是村民主动参与农村生活垃圾处理，建立村庄保洁员制度并支付部分垃圾处置费。

垃圾处置收费

保洁员制度

81 市场运作是指什么？

市场运作是指引入有机农业企业、蔬菜合作社、有机肥厂等市场运作主体，进行产业化经营。

82 为什么要实行村级就地处理？

实行村级就地处理可以减少农村生活垃圾城乡一体化运作模式的收运成本，避免挤占城市生活垃圾的处理空间，减缓垃圾围城的步伐。

83 厨余垃圾村级就地处理方式是什么？

分类后的厨余垃圾可在村里就地处理作为生态有机肥料或就近运至有机肥厂，也可在村里新建小型沼气装置或利用原有的户用沼气池进行沼气化处理，沼渣沼液就地还田作有机肥。

84 村级就地处理有什么优点？

一是源头减量，减少收运成本；二是充分利用农村的生活垃圾，变废为宝，实现资源的最佳利用；三是减少化肥施用，改良土壤，打造绿色生态农业。

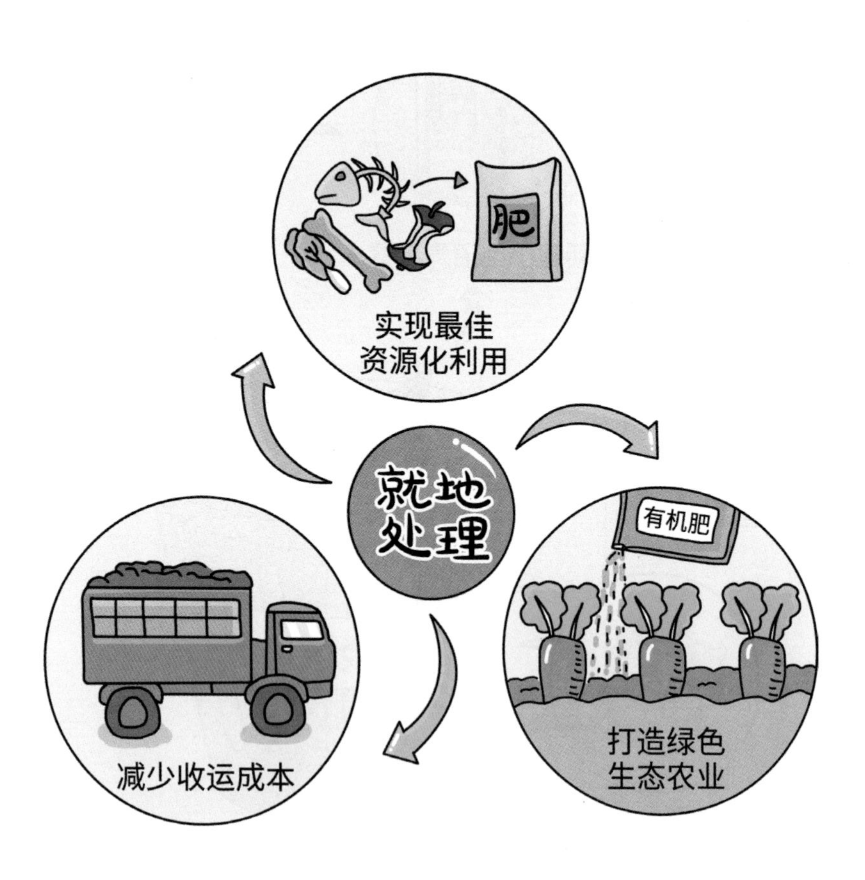

85 如何建立农村生活垃圾处理长效机制？

一方面要实施政策引导、资金投入，逐步推行农户初分、源头减量的政策，初期实行奖罚制度，后期实行垃圾处置收费和保洁员制度；另一方面要让农民得到实惠，政府投入基础设施建设，优先改善环境。

86 什么是推动垃圾处理产业发展和促进技术开发的保障？

法律规章是加强垃圾处理力度，推动垃圾处理产业发展和促进技术开发的保障。

87 建立可回收生活垃圾收运体系的目标和方法是什么？

建立可回收生活垃圾收运体系的目标是对可回收垃圾进行集中收集、运输和处理，方法是建立类似目前废品收购体系的企业化模式。

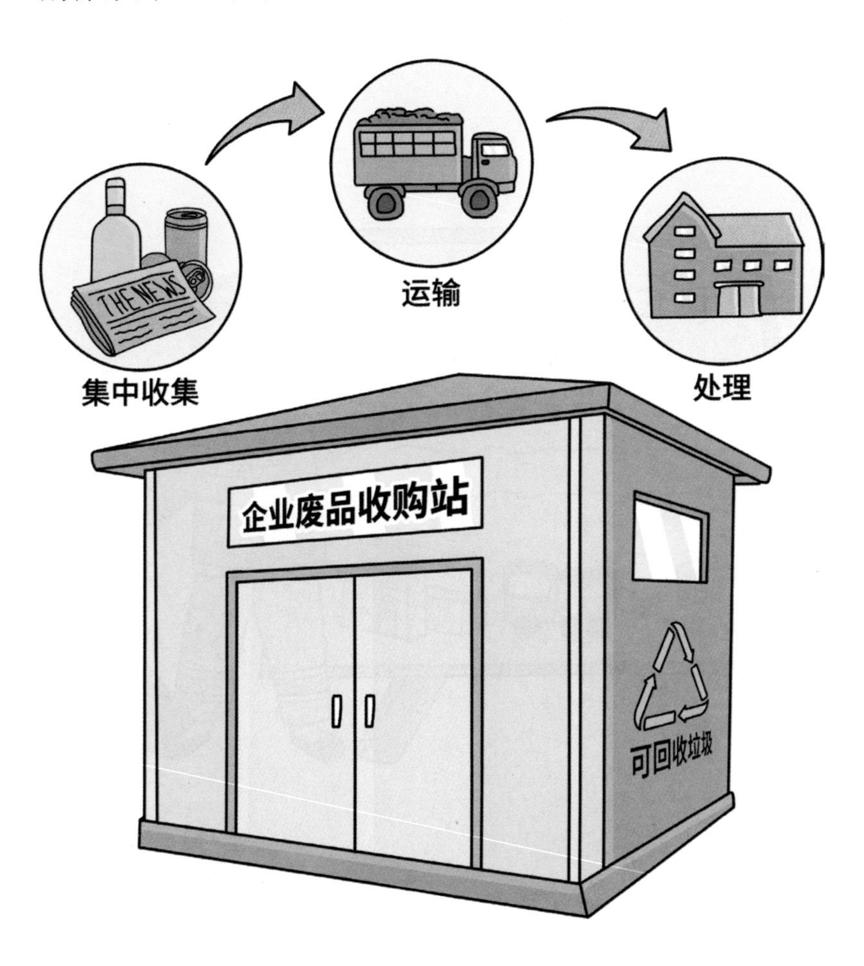

88 建立农村生活垃圾收运体系的要求是什么？

组建环卫队伍，制定作业标准，实施制度化、常态化环卫作业。

89 我国农村生活垃圾管理的意识淡薄体现在哪两个方面？

一是农村管理者环保意识淡薄。在生活垃圾处理补助政策方面，城乡标准不一、差异较大，农村生活垃圾运输处理费用由县、乡镇财政分担解决，乡镇负担较重，加上农村生态环保工作体质机制不健全，大多数乡镇没有环保机构，基本处于无人、无经费、无装备的“三无”境地，因此造成了管理者层面的农村环保意识普遍比较淡薄的现象。二是农村居民环保意识淡薄。受教育程度、经济收入水平等多种因素的制约和影响，农村居民对生活垃圾的危害认识普遍较低，绝大多数的农民对垃圾处置费的支付意愿较低，缺乏积极的环保意识。

90 目前我国最基层的环卫机构是哪一级？

我国的环卫管理部门设置依次为国家、省级、地市级和县级，最基层的环卫机构是县级，乡镇环卫职能设置在其他管理部门，村里只设保洁员。

91 农村生活垃圾管理主要存在哪些问题?

（1）农村环境管理机构和管理机制不适应；（2）农村生活垃圾管理的政策和法律制度不健全；（3）环保意识淡薄，宣传工作不到位；（4）基础设施落后，配套资金缺乏；（5）环境管理水平低，日常管理不到位；（6）缺乏统筹与规划；（7）环境治理人才缺乏，村民自治组织欠缺。

92 如何加强农村生活垃圾污染防治监督管理工作？

（1）建立镇级农村生活垃圾环卫管理机构，配备监督管理人员；（2）加强农村生活垃圾污染防治政策、法规建设；（3）加大农村环卫资金投入、建立市场导入制度；（4）加强宣传教育，提高农村居民的环保意识；（5）加强农村生活垃圾分散处理研发力度；（6）建立健全农村环境综合整治和新农村建设的长效机制。

93 农村生活垃圾管理三元体系中各方的作用是什么？

政府是处理垃圾污染的责任主体之一，企业是处理垃圾污染的推动力，村民是处理垃圾污染的主力军。

94 目前我国农村生活垃圾处理有哪几种模式？

（1）城乡一体化处理模式，即“村收集、乡转运、县处理”的方式；（2）源头分类集中处理模式，即在村里先分类后收集，再转运到乡（县）集中处理的方式；（3）源头分类分散处理模式，即在村里分类后采取就地处理的方式。

95 什么原因导致农村环境卫生经费严重匮乏，农村环卫基础设施严重不足？

由于在过去的很长一段时期内，我国农村的基础管理部门中缺乏针对农村生活垃圾处理的专业机构或部门，再加之农村居民的环保意识普遍偏低，使得乡村环卫资金缺乏稳定来源，农村生活垃圾处理费用征收困难，最终导致农村环境卫生经费严重匮乏，农村环卫基础设施严重不足。

96 什么是垃圾处理产业化？

垃圾处理产业化就是要以市场为导向，找到一种有效方案，把政府统管的公益性事业行为转变成政府引导与监督、非政府组织参与和企业运营的企业行为，把被分割成源头、中间和末端的垃圾处理产业链整合成一个完整的产业体系，以实现垃圾处理社会效益和经济效益的最大化。

97 我国农村生活垃圾循环产业化利用处于什么阶段？

我国农村生活垃圾循环产业化利用处于起步阶段，大部分农村缺乏垃圾源头分类设施。

98 农村生活垃圾处理产业化需要遵循什么原则？

农村生活垃圾处理产业化按照“垃圾减量、物质利用、能量利用和最终处置”的处理顺序，需要遵循“自产自销、化整为零、就地处理”的处理原则。

99 农村生活垃圾处理产业化的意义是什么？

农村生活垃圾处理产业化将促进循环经济发展，有利于缩小处理和运行投资规模，降低管理成本，是优化资源配置的有效途径，是推动公用事业社会化的重要内容，对农村人居环境改善和建设美丽乡村具有重要意义。

图书在版编目（CIP）数据

农村垃圾处理政策与知识问答/农业农村部沼气科学研究所编．—北京：中国农业出版社，2020.1（2020.12重印）

ISBN 978-7-109-26420-5

Ⅰ.①农… Ⅱ.①农… Ⅲ.①农村－垃圾处理－问题解答 Ⅳ.①X710.5-44

中国版本图书馆CIP数据核字（2019）第287652号

中国农业出版社出版

地址：北京市朝阳区麦子店街18号楼

邮编：100125

策划编辑：刁乾超　李昕昱

责任编辑：李昕昱　刁乾超

版式设计：李　文　　责任校对：吴丽婷　　责任印制：王　宏

印刷：北京缤索印刷有限公司

版次：2020年1月第1版

印次：2020年12月北京第4次印刷

发行：新华书店北京发行所

开本：880mm × 1230mm　1/32

印张：3.75

字数：140千字

定价：25.00元
